L. I. Abah
A. A. Murana
K. E. Ibedu

O EFEITO DO BETUME MODIFICADO COM CLORETO DE POLIVINILO EM MISTURAS BETUMINOSAS A QUENTE

L. I. Abah
A. A. Murana
K. E. Ibedu

O EFEITO DO BETUME MODIFICADO COM CLORETO DE POLIVINILO EM MISTURAS BETUMINOSAS A QUENTE

ScienciaScripts

Imprint

Cover image: www.ingimage.com

This book is a translation from the original published under ISBN 978-620-8-17060-8.

Publisher:
Sciencia Scripts
is a trademark of
Dodo Books Indian Ocean Ltd. and OmniScriptum S.R.L publishing group

120 High Road, East Finchley, London, N2 9ED, United Kingdom
Str. Armeneasca 28/1, office 1, Chisinau MD-2012, Republic of Moldova, Europe
Managing Directors: Ieva Konstantinova, Victoria Ursu
info@omniscriptum.com

Printed at: see last page
ISBN: 978-620-8-50213-3

O EFEITO DO BETUME MODIFICADO COM POLICLORETO DE VINILO (PVC) EM MISTURAS BETUMINOSAS A QUENTE

L.I. Abah[1*], A.A. Murana[2], K.E. Ibedu[3]
[1,2,3] Departamento de Engenharia Civil, Universidade Ahmadu Bello, Zaria
[*]E-mail correspondenteabahlinus55@gmail.com

RESUMO

Os resíduos de cloreto de polivinilo (PVC), um material não degradável utilizado em obras de engenharia, têm mais importância em termos de efeito de desenvolvimento do que de impacto ambiental negativo. A adição de polímeros sintéticos para melhorar as propriedades do betume numa vasta gama de temperaturas na aplicação de pavimentação rodoviária foi considerada há muito tempo e, consequentemente, tornou-se uma alternativa real para prolongar a vida útil do pavimento. Este trabalho centra-se no efeito do betume modificado com cloreto de polivinilo (PVC) na mistura de asfalto a quente (HMA). O método Marshal de projeto de misturas foi utilizado na produção de misturas asfálticas a quente. A microscopia eletrónica de varrimento (SEM), o infravermelho com transformada de Fourier (FTIR) e a espetrometria de raios X com dispersão de energia (EDS) foram utilizados para a investigação microestrutural e o estudo elementar. A percentagem de PVC incorporada no HMA foi de 2, 4, 6, 8, 10% de PVC, o OBC obteve 10%, a 10,75kN para o Modificado e 4% a 9,8kN para o Controlo. Os materiais modificados com as suas propriedades mostram que a penetração registada foi de 65 mm, o que está em conformidade com o betume de grau 60/70, e o ponto de amolecimento foi registado a 53 °C. A ductilidade foi registada a 106,5 cm, a gravidade específica a 1,01, o ponto de inflamação e o ponto de fogo a (293 - 308°C), respetivamente. Solubilidade a 98% de pureza. Todos os testes de propriedades físicas efectuados nos materiais constituintes, em conformidade com as especificações relevantes da American Society for Testing Materials (ASTM) e da British Standard (BS), tiveram um desempenho satisfatório. Para o betume de grau 60/70, utiliza-se 4% de PVC, em peso, como modificador para condições de tráfego intenso. O cloreto de polivinilo modificado a 8, 10% deve ser utilizado em climas frios, enquanto o PVC modificado a 2, 4, 6% deve ser utilizado em regiões quentes. Por conseguinte, a experiência provou que estes materiais, com as suas caraterísticas, estabilidade e rigidez, podem ser utilizados como ligante de pavimento em regiões frias e quentes.

Palavras-chave: Cloreto de polivinilo, asfalto de mistura a quente, betume modificado, materiais poliméricos.

1 INTRODUÇÃO

Uma das muitas formas de reforçar o desempenho do betume é misturá-lo com polímeros sintéticos, que podem ser polímeros virgens ou resíduos de polímeros. A modificação do betume altera o betume, resultando numa melhor qualidade necessária para fins de construção específicos. Nikolaides (2014). Os betumes modificados com polímeros (PMB) são geralmente considerados como proporcionando uma vida útil prolongada ou um melhor desempenho do pavimento (Bulatović et al 2014). O betume é um subproduto da destilação fraccionada do petróleo bruto ou de depósitos naturais (Peurifoy et al 2006). Historicamente, o betume é conhecido como um dos materiais de construção mais antigos, com mais de 5000 anos. As três boas propriedades básicas do betume são a sua capacidade de funcionar como agente cimentante, a sua natureza impermeável e termoplástica, necessária para a utilização em aplicações de pavimentos flexíveis e necessidades de cobertura. O betume pode ser liquefeito por aquecimento, aplicado no estado líquido, e transforma-se novamente em cimento sólido após arrefecimento (McNally 2011). O pavimento flexível é referido como um pavimento de betão asfáltico, que é uma mistura de agregado e ligante, um material de enchimento e betume combinados num processo cuidadosamente calibrado para obter uma mistura homogénea capaz de ser colocada e compactada, (Roger 2016). Os pavimentos flexíveis são concebidos para se dobrarem e recuperarem com o subleito. O conceito de conceção consiste em colocar camadas suficientes de base e camadas intermédias de pavimento para controlar as deformações no subleito, de modo a que não resultem deformações permanentes. A deterioração das estradas betuminosas levou os engenheiros civis a continuarem a investigar um melhor ligante até se obter um forte. Há duas áreas que podem melhorar a operacionalidade de um pavimento rodoviário. Ou aplicando uma mistura betuminosa mais espessa, o que aumenta o custo de construção, ou utilizando uma mistura betuminosa com caraterísticas modificadas (Mamlouk &

Zaniewski, 2011). As propriedades do betume convencional para pavimentação falham na sua utilização e operação a longo prazo sob tráfego intenso e variações climatéricas adversas. A questão da eliminação dos resíduos plásticos pós-consumo tem ganho uma importância crescente no debate público devido aos problemas ambientais. Não se trata apenas de um item prioritário para as preocupações actuais, mas também de uma necessidade urgente. Por conseguinte, é desejável encontrar vias alternativas que possam ajudar a reter a componente energética destes materiais, preservando simultaneamente o nosso ambiente. A reciclagem de materiais é a forma preferida de desenvolver novos conceitos para reduzir o problema da eliminação de resíduos sólidos. A utilização de resíduos poliméricos no betume, que são eles próprios perigosos para o ambiente, poderia servir o duplo objetivo da sua eliminação segura, bem melhorar o desempenho do betume. O betume é utilizado há milhares de anos e a sua importância como material de engenharia continua a aumentar. A modificação do betume utilizando misturas de polímeros está a ser procurada. Um dos principais componentes da construção de pavimentos rodoviários flexíveis é o betume. É importante utilizar betume com propriedades mecânicas mais elevadas para obter um pavimento rodoviário sólido e duradouro, melhorando as propriedades físicas do betume. A modificação do betume utilizando misturas de polímeros está a ser procurada. Nos últimos tempos, tem sido dada atenção à utilização de resíduos para fins económicos e ambientais, a fim de melhorar certas propriedades do asfalto misturado a quente. A maior procura de estradas duráveis e de melhor qualidade na Nigéria, devido ao rápido aumento do volume de tráfego e da carga axial, tornou necessária a melhoria do desempenho da resistência das misturas asfálticas. Nos últimos tempos, tem sido dada atenção à utilização de resíduos para fins económicos e ambientais, a fim de melhorar determinadas propriedades das misturas asfálticas a quente. As caraterísticas do betume que se pretende melhorar com a introdução de cloreto de polivinilo no betume são as seguintes: resistência ao envelhecimento, resistência à fissuração a baixa temperatura e à fadiga, resistência ao cio, resistência à segregação, aumento da rigidez do betume (Kumar et al., 2012).

O advento dos resíduos e a eliminação de produtos de PVC no município representam cada vez mais um enorme tratamento e um grave perigo para o nosso meio ambiente, que continua a ser incinerado ou um impacto nos arredores. (Rasel et al 2017). O policloreto de vinilo é uma classe de unidades poliméricas denominadas monómeros e o hidrocarboneto forma um plástico. O material é utilizado para vários trabalhos de construção e devido à sua natureza frágil com uma cor branca pura sólida, como se mostra abaixo. Depois do polietileno e do polipropileno, apresenta-se sob a forma de pó branco e é sobretudo utilizado como material plástico para tectos, denominado cloreto de polivinilo PVC. A questão da eliminação dos resíduos plásticos pós-consumo tem ganho uma importância crescente no debate público devido aos problemas ambientais. Não se trata apenas de uma questão prioritária para as preocupações actuais, mas também de uma necessidade urgente. Por conseguinte, é desejável encontrar vias alternativas que possam ajudar a reter a componente energética destes materiais, preservando simultaneamente o nosso ambiente. A reciclagem de materiais é a forma preferida de desenvolver novos conceitos para reduzir o problema da eliminação de resíduos sólidos. A utilização de resíduos poliméricos no betume, que são eles próprios perigosos para o ambiente, poderia servir o duplo objetivo da sua eliminação segura, bem como melhorar o desempenho do betume. Além disso, verifica-se uma deterioração recorrente dos pavimentos asfálticos produzidos com materiais convencionais ao longo do tempo. Esta deterioração é mais acentuada nos pavimentos que suportam cargas por eixo mais elevadas. Por conseguinte, é necessário modificar o asfalto com misturas betuminosas a quente para reduzir estas falhas. Com o rápido desenvolvimento da indústria automóvel e da indústria de plásticos de embalagem, a quantidade de resíduos plásticos está a aumentar (Yang & Cheng, 2016). O cloreto de polivinilo possui propriedades elevadas, tais como propriedades de tração, resistência ao impacto, aumenta a dureza, a rigidez e o peso leve. Além disso, o material é durável, tem uma vida útil longa e um rácio de custos de manutenção inferior quando utilizado devido às suas propriedades físicas como material para misturas. O cloreto de polivinilo (PVC ou Vinil) tem vários tipos e está classificado de acordo com a sua ampla utilização. São eles: plastificado ou flexível, não plastificado ou rígido, policloreto de vinila clorado ou perclorovinil, orientado molecularmente ou PVC-O e modificado ou PVC-M. Os modificados ou PVC-M, são categorias de ligas termoplásticas que se formam normalmente com a adição de outros agentes modificadores bem adaptados ao vinil. Com os agentes modificados melhoram a tenacidade, as propriedades de impacto e a resistência à fissuração do tumor que melhora a tenacidade à fratura e a ductilidade do material. (Boustead, 2005). Murana et al (2020a) estudaram o efeito do poliestireno expandido de embalagens descartáveis de alimentos como modificador de betume nas propriedades do asfalto misturado a quente. O betume puro foi modificado com uma saqueta de água pura contendo polietileno numa concentração variável de 2 a 10 %, com um intervalo de incremento de 2 %. Em peso teor ótimo de betume. Os resultados obtidos no ensaio de consistência efectuado com o betume modificado mostraram uma diminuição da penetração de 68 mm para 59,5 mm. Foi observado um aumento no ponto de amolecimento 49,5°C - 54,5,5°C. Também se registou um aumento do ponto de inflamação e do ponto de fogo, que variaram de 258°C - 282°C e 289°C - 311°C, respetivamente. A ductilidade mostrou um aumento de 111m - 101cm à medida que o teor de DFB aumenta de 2 - 10%. Todos os testes de consistência efectuados no betume indicaram que este é adequado para a produção de misturas asfálticas a quente. Este estudo não teve em consideração o efeito do cloreto de polivinilo no betume e apenas considerou o betume de grau de penetração 60/70. A experiência demonstrou que os resíduos de poli(tereftalato de etileno) apresentam um potencial notável para utilização como modificador em misturas betuminosas a quente. Como as caraterísticas de deformação permanente do asfalto misturado a quente foram significativamente aumentadas pela utilização da modificação do tereftalato de polietileno, a tensão permanente foi notavelmente reduzida na mistura modificada com tereftalato de polietileno em comparação com a mistura convencional em todos os níveis de tensão e temperaturas. No entanto, o efeito do cloreto de polivinilo não foi examinado na deformação permanente. Esta investigação centra-se no efeito dos resíduos de policloreto de vinilo como modificador do betume. Os ensaios do betume são a penetração, a ductilidade, o ponto de amolecimento, o fogo e o fulgor, a gravidade específica, o ensaio químico do PVC através do infravermelho com transformada de Fourier (FTIR), a microscopia eletrónica de varrimento. Os ensaios dos agregados são a gravidade específica, o valor de esmagamento do agregado, o valor de impacto do agregado, o índice de escamação e o índice de alongamento. A análise amostra modificada e não modificada para verificar se está em conformidade com as especificações do Ministério Federal das Obras e Habitação (2016).

2 MATERIAIS E MÉTODO

Os materiais utilizados nesta investigação são o betume, os agregados e os resíduos (teto de PVC). Um betume de base industrial de grau 60/70 com vários tamanhos de agregados e pó de pedreira foi obtido na Mother Cat Construction Company, Palladan, Zaria. Os resíduos de policloreto de vinilo foram obtidos numa lixeira a céu aberto em Zaria, no Estado de Kaduna. Os métodos utilizados na experimentação são: Teste de penetração, ponto de amolecimento, teste de ductilidade, gravidade específica, ponto de inflamação, ponto de inflamação, ponto de fogo, teste de solubilidade, FTIR e estabilidade Marshall. Os ensaios efectuados com os agregados grossos, finos e minerais são: Valor de impacto do agregado, esmagamento do agregado, índice de alongamento e floculação, gravidade específica e análise granulométrica, respetivamente. O PVC foi recolhido, limpo e lavado, seco ao sol e depois cortado. A fatia de resíduos foi depois retalhada em 0,4 x 0,4 mm e triturada até atingir um tamanho inferior a 0,75 mm.

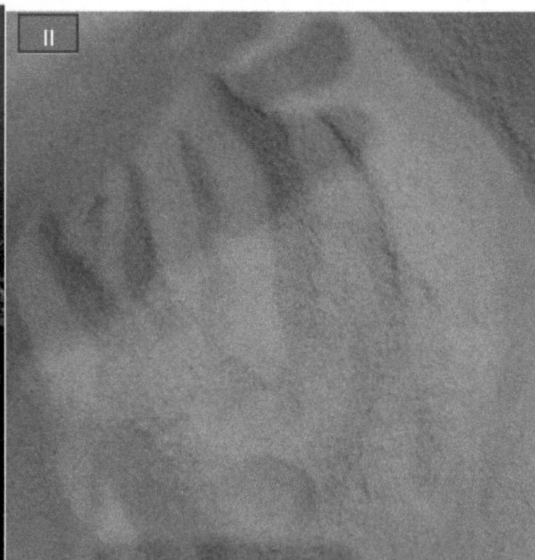

Placa I: Resíduos de plástico PVC cortados   Placa II: Resíduos de PVC triturados em pó

Placa III: Resíduos de plástico PVC triturado, (Teto)   Placa IV: Máquina de trituração

Métodos

O material de policloreto de vinilo PVC foi , cortado em fatias de 3 mm e depois triturado numa máquina de trituração, sendo posteriormente convertido em pó com a ajuda de um motor de trituração. A metodologia seguida nesta investigação é adaptada e representada resumidamente na Figura 1.

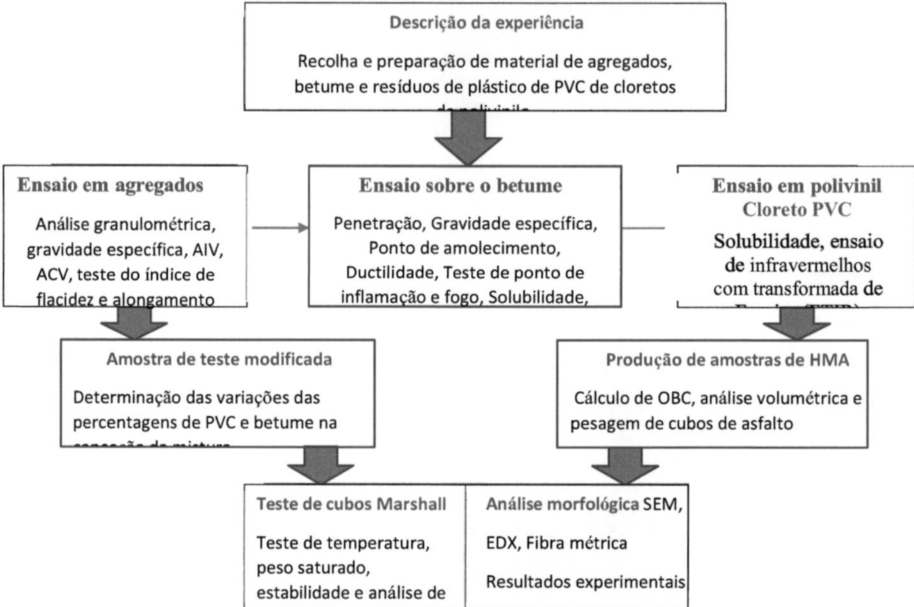

Ensaio em agregados

Para os agregados, foi efectuado o seguinte ensaio

Gravidade específica (ASTM C127-15. 2015), Análise granulométrica (ASTM C136/C136M- 19, 2019), Teste do índice de alongamento (ASTM D4791-19, 2019), Teste do índice de escamação (BS EN 933-1, 2017). Os agregados são materiais granulares, tais como gravilhas naturais, areias e pedras britadas. É um material de vários tamanhos e formas, é também um dos materiais importantes utilizados na produção de asfalto de mistura quente. Geralmente, os agregados ocupam 90-95% do volume do asfalto misturado a quente e têm uma influência significativa nas propriedades do betão. Assim, deve ser forte e duro, isento de impurezas indesejáveis, quimicamente estável e durável. A adequação do agregado para mistura asfáltica a quente depende da especificação do projeto ou da consideração do engenheiro, para garantir a qualidade da mistura, tanto o agregado fino como o grosso têm de ser dimensionados com qualidade antes de serem aplicados de acordo com as normas relevantes, Speight (2016).

Valor de esmagamento do agregado (BS 812-110:1990). O valor de esmagamento do agregado é um teste utilizado para medir a resistência do agregado ao esmagamento sob uma carga aplicada gradualmente e é determinado medindo o material que passa por um tamanho de peneira especificado após o esmagamento sob uma carga de 400kN. Foi efectuado de acordo com a norma BS (BS 812-110:1990).

Ensaio do valor de impacto do agregado (BS 812-112:1990). O valor de impacto do agregado é um ensaio para determinar a resistência do agregado ao esmagamento ou impacto e é utilizado para medir a resistência de um agregado a um impacto ou choque súbito. Foi efectuado em conformidade com a norma BS (BS 812-112:1990).

Ensaio sobre o betume

Durante muitos anos, foi necessário modificar e alterar o comportamento do betume com vários aditivos ou agentes químicos para melhorar a sua estabilidade e suscetibilidade à temperatura. Estes aditivos incluem cargas, fibras, agentes reticulantes, polímeros, elastómeros, agentes anti-estrias ou complexos metálicos (Fwa 2005 & Nikolaides., 2014). Estes aditivos podem ser sólidos ou líquidos. Quando utilizados como modificadores de betume, devem cumprir determinados critérios: serem compatíveis com o betume, resistirem à degradação à temperatura de mistura do betume, reduzirem a suscetibilidade do betume à temperatura, poderem ser processados por equipamento de mistura convencional, manterem a sua propriedade premium durante o armazenamento, aplicação e serviço e atingirem uma viscosidade de revestimento ou pulverização à temperatura normal de aplicação. Os modificadores de betume dividem-se em dois grupos principais: elastómeros e plastómeros. Aproximadamente 75 % ligantes modificados podem ser classificados como elastómeros e 25 % como plastómeros, Fwa (2005).

Efeito dos modificadores químicos: Os aditivos químicos que actuam como extensores na modificação dos ligantes betuminosos foram utilizados para reduzir os danos provocados pela humidade, aumentar a espessura da película de betume, reduzir o escoamento durante a construção, alargar a gama de temperaturas de aplicação e também baixar o custo do ligante. Os modificadores químicos mais comuns são os agentes anti-descascamento, os óleos extensores, o enxofre, a gilsonite, etc. Nikolaides (2014)

Ponto de amolecimento (ASTM D36/D36-14, 2020). O ensaio do ponto de amolecimento é utilizado para determinar o intervalo de temperatura, normalmente entre 30ºC e 200ºC, a partir do qual o betume começa a amolecer.

Gravidade específica (ASTM D70 / D70M-21, 2021). O teste de gravidade específica foi efectuado para medir o peso de um determinado volume de material (ou vice-versa). A gravidade específica é definida como a relação entre o peso de um determinado volume do material e o peso do material para o mesmo volume (Garber e Hoel, 2009). A gravidade específica foi efectuada a uma temperatura de 25°C (77°C).

Ensaio de penetração (ASTM D5/D5M -20, 2020). O ensaio de penetração foi utilizado para medir a consistência e a dureza do betume, expressa na distância a que um décimo de milímetro de uma agulha padrão penetra verticalmente numa amostra em condições de carga, tempo de carga e temperatura.

Ensaio de ponto de inflamação e de fogo (ASTM D92 - 18). Os ensaios de ponto de inflamação e de fogo foram efectuados para indicar a natureza combustível do betume enquanto produto petrolífero. O ponto de inflamação é a temperatura mais baixa à qual o vapor do betume se inflama. O ponto de inflamação é definido como a temperatura mais baixa à qual o betume começa a arder. A temperatura do ponto de inflamação é geralmente superior à temperatura do ponto de inflamação.

Teste de solubilidade (ASTM D2042-15, 2015). O ensaio de solubilidade foi efectuado para determinar a pureza e a qualidade do betume. Este ensaio é necessário para garantir que o betume é proveniente de uma boa fonte. A propriedade de solubilidade do betume tem impacto na capacidade do ligante para revestir corretamente os agregados.

Ductilidade (ASTM D113 - 17, 2017). O ensaio de ductilidade foi utilizado para determinar as caraterísticas de tração e ductilidade do betume, o que indica a homogeneidade e a capacidade de escoamento do betume.

Ensaio em cloreto de polivinilo PVC

Betume modificado com polímeros: A adição de polímeros ao betume melhora o seu desempenho em comparação com outros tipos de betume. caraterísticas desejáveis dos ligantes modificados com polímeros incluem uma maior recuperação elástica, um ponto de amolecimento mais elevado, uma maior viscosidade, uma maior resistência coesiva e uma maior ductilidade Fwa (2005) É necessário ter cuidado com a quantidade, o tipo de polímeros e a técnica de mistura utilizada na produção de uma formulação de betume modificado.

Atualmente, são utilizados dois tipos básicos de modificadores no betume: o polipropileno atáctico (APP) e o estireno-butadieno-estireno (SBS), embora também sejam utilizados outros tipos de modificadores, como o etileno-acetato de vinilo (EVA), polietileno (PE), SBR ou misturas de APP e SBS. Para fabricar produtos betuminosos duráveis, é desejável adicionar modificadores para obter as propriedades necessárias para fins de impermeabilização, cobertura e vedação. São utilizados muitos polímeros diferentes para modificar o betume e cada um tem as suas próprias propriedades físicas associadas. Por exemplo, o EVA endurece o asfalto, tal como um plástico duro, pelo que é considerado um plastómero. Os copolímeros em bloco SBS podem aumentar a elasticidade do betume, tal como um elástico, pelo que são considerados elastómeros. Um outro grupo de polímeros elastoméricos, os polímeros de látex SBR, aumenta a ductilidade dos cimentos betuminosos. As principais razões para modificar o betume com polímeros são resumidas a seguir. Para obter misturas mais macias a baixas temperaturas de serviço e reduzir a fissuração. Para obter misturas mais rígidas a altas temperaturas e reduzir a cravação para reduzir a viscosidade a temperaturas de disposição. Aumentar a estabilidade e a resistência das misturas Melhorar a resistência à abrasão da mistura. Melhorar a resistência à fadiga das misturas. Melhorar a resistência à oxidação e ao envelhecimento. Reduzir a espessura estrutural dos pavimentos.

Teste de Solubilidade (ASTM D2042-15, 2015). Os agregados utilizados para esta pesquisa são agregados grossos que passam pela de 19 mm - 4,66 mm, agregados finos que passam por 4,76 mm - 0,15 μm, o material de enchimento utilizado passa pela peneira de 0,075 μm e fica retido na panela. As propriedades físicas examinadas nos agregados são o Valor de Esmagamento do Agregado (ACV), o Valor de Impacto do Agregado (AIV), a Gravidade Específica, a Distribuição do Tamanho das Partículas, o Índice de Flocosidade. Índice de alongamento.

Ensaio de Infravermelhos com Transformada de Fourier (FTIR) (ASTM D6348-12. 2020). O ensaio de espetroscopia de infravermelhos com transformada de Fourier é utilizado principalmente para inspecionar a estrutura e os grupos funcionais das moléculas químicas. É também utilizado para indicar a ocorrência de alterações químicas em materiais misturados. Para este trabalho, foi utilizado o espetrómetro Agilent Cary 630 da ThermoFisher Scientific, em conformidade com a norma ASTM D6348-12 (2020), com um comprimento de onda de 3800-750 cm^{-1}. O número de onda é representado em função da percentagem de transmitância.

Ensaio de mistura de asfalto a quente

Uma mistura asfáltica a quente é uma combinação de agregados e ligante betuminoso, aquecida e produzida numa central de mistura a quente (Peurifoy et al., 2006). A quantidade de ligante betuminoso na mistura deve ser suficiente para revestir os agregados e também proporcionar uma boa trabalhabilidade durante a mistura, o assentamento e a compactação das misturas betuminosas, Rogers (2003). Os seguintes ensaios foram efectuados nas amostras de asfalto, Estabilidade e Fluxo Marshall (ASTM D6927-05, 2005). Foi utilizada a tabela do Asphalt Institute para calcular as percentagens de gradação combinada (Tabela 1). As amostras foram peneiradas através do seguinte conjunto de peneiras: 12,5 mm,

9,5mm, 6,4mm, 3,2mm, 1,25mm, 0,6mm, 0,3mm, 0,15mm, 0,075mm. As placas abaixo mostram as peneiras utilizadas na experiência.

SEM/EDX (ASTM E2809-22, 2022). SEM, Microscopia Eletrónica de Varrimento, um tipo de microscópio eletrónico que produz imagens de uma amostra através do varrimento da superfície com um feixe focalizado de electrões. O eletrão interage com o átomo na amostra, produzindo diferentes sinais que contêm informações sobre a topografia da superfície do material e a composição da amostra. As técnicas de raios X por dispersão de energia (EDS) são utilizadas para identificar a composição elementar dos materiais. Esta aplicação inclui a identificação de partículas, a análise de revestimentos, a identificação de contaminantes e a análise da corrosão. O EDX é normalmente utilizado como detetor de silício ligado ao SEM. Trata-se de um identificador de imagem capaz de analisar a amostra de dados de interesse, determinando a verdadeira composição dos elementos para investigações forenses.

Análise de termogravimetria

A análise é uma técnica utilizada para avaliar a propriedade física de um material sob a temperatura de calor observada. A análise térmica diferencial (DTA) é utilizada para medir a capacidade térmica de um material, ou seja, a temperatura à qual o material é transformado fisicamente (transição de fase). Para este estudo, foi utilizado o analisador térmico simultâneo PerkinElmer STA 8000, em conformidade com a norma ASTM D6370-99, (2019).

3 RESULTADOS E DISCUSSÕES

Resultados do ensaio para betume não modificado

Os resultados dos vários testes de propriedades físicas efectuados ao betume são apresentados no quadro 1. A penetração foi registada a 68, o que está em conformidade um betume de grau de penetração 60/70, o ponto de amolecimento foi registado a 52°C. A ductilidade foi registada a 100 cm, a gravidade específica a 1,02, o ponto de inflamação e o ponto de fogo a 294°C e 306°C, respetivamente. Solubilidade a 97% de pureza. Todas propriedades físicas avaliadas tiveram um desempenho satisfatório para um grau de betume de 60/70.

Tabela 1: Propriedades físicas do betume com especificações normalizadas

S/N	Teste efectuado	Unidade	Valor do teste	Padrão	Observação
1	Penetração	0,1 mm	68	60/70	OK
2	Ponto de amolecimento	°C	52	48-56	OK
3	Ductilidade a 25°C	Cm	100	100 min	OK
4	Gravidade específica	NIL	1.02	1.01-1.06	OK
5	Ponto de inflamação	°C	294	232 min	OK
6	Ponto de inflamação	°C	306	NIL	OK
7	Solubilidade em C_2S	%	97	99 min	OK

Resultados do ensaio em agregados

Os resultados dos testes de propriedades físicas efectuados são apresentados na Tabela 2. O valor de impacto do agregado e o esmagamento do agregado são 27,28 e 24,86%, respetivamente. O índice de alongamento e o índice de flacidez são 22,44 e 25,73%, respetivamente. A gravidade específica do material de enchimento grosso, fino e mineral. Todas as propriedades testadas tiveram um desempenho satisfatório e estavam dentro dos limites especificados pela FMPWH (2016)

Tabela 2: Propriedades físicas do agregado com especificações padrão

Propriedades	Valores de teste	Especificação padrão.		Observações
		Min.	Máximo.	
Gravidade específica (grosso)	2.63	2.5	3.0	Está bem
Gravidade específica (fina)	2.63	-	-	Está bem
Gravidade específica (enchimento)	2.51			Está bem
Índice de escamação	25.73	-	35	Está bem
Índice de alongamento	22.44	-	25	Está bem
Agregado Valor de esmagamento (%)	24.86	-	30	Está bem
Valor agregado do impacto (%)	27.28	-	35	Está bem

Resultados do ensaio de distribuição granulométrica (análise granulométrica)

A distribuição do tamanho das partículas para o agregado grosso combinado, o agregado fino e o material de enchimento mineral é apresentada na figura 1. O ensaio foi efectuado em conformidade com a norma ASTM (ASTM C136/136M-19, 2019). Os resultados obtidos satisfizeram as condições de limite superior e inferior, conforme especificado por FMWH. (2016). Resultados semelhantes foram obtidos por Murana et al., (2023). O doseamento dos diferentes tamanhos de agregado utilizados para a produção mistura betuminosa a quente foi efectuado por tentativa e erro e é apresentado no Quadro 4.3. O doseamento foi efectuado para determinar o volume de cada agregado por peso de todo o asfalto misturado a quente. O resultado do ensaio de análise granulométrica e o doseamento dos agregados são importantes porque são os principais factores determinantes da densidade e da capacidade de interbloqueio da mistura. O agregado serve como esqueleto do asfalto misturado a quente e distribui as tensões das cargas das rodas. A gradação dos agregados também influencia os acabamentos do pavimento flexível, a suavidade ou a rugosidade das superfícies das estradas. Shuaibu et al. (2020b)

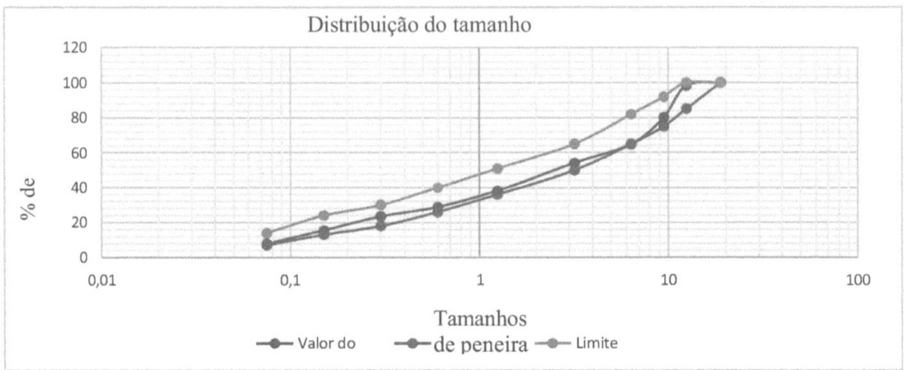

Figura 1: Gráfico de distribuição do tamanho das partículas

Propriedades Marshall

Quadro 3: Resultado Marshall para o teor de betume-PVC no asfalto misturado a quente

Análise do PVC modificado com asfalto misturado a quente									
PVC %	**Pca**	**Pfa**	**Pmf**	**Gsb**	**Pta**	**VMA**	**MGM**	**Pa**	**VFB**
5.00	48.45	39.12	7.43	2.62	95	19.99	2.37	6.70	66.46
5.00	48.45	39.12	7.43	2.62	95	20.20	2.37	6.96	65.57
5.00	48.45	39.12	7.43	2.62	95	19.69	2.37	6.35	67.73
5.00	48.45	39.12	7.43	2.62	95	22.99	2.37	10.21	55.61
5.00	48.45	39.12	7.43	2.62	95	20.82	2.37	7.68	63.14

Estabilidade Marshall

A relação entre a estabilidade e o teor de betume é apresentada na Figura 2. A estabilidade máxima de 9,6 kN foi observada com um teor de betume de 10% (o teor de betume utilizado para calcular o OBC). Observou-se que a estabilidade continuou a diminuir com a adição de betume. Isto não está relacionado com o facto de a pressão hidrostática do betume e a interação intergranular entre as partículas dos agregados terem causado uma queda na estabilidade. Uma tendência de resultado semelhante foi registada nos estudos de Murana et al., (2014). No entanto, é digno de nota que os 2%, 4%, 6%, 8% e 10% passaram os critérios FMWH. (2016) de estabilidade3,5kN. A variação da estabilidade com o teor de betume é apresentada na Figura 4.2. A estabilidade da mistura aumentou de 9,75 kN a 4% de teor de betume para o valor máximo de 10,76 kN a 8% de teor de betume e, subsequentemente, diminuiu com o aumento contínuo do teor de betume. O aumento da estabilidade pode ser atribuído à interação adesiva entre os agregados e o betume, que leva ao interbloqueio e à densificação com a compactação. À medida que o betume aumenta para além do teor ideal de betume, provoca uma diminuição da estabilidade, o que se deve ao facto de os vazios preenchidos com betume reduzirem a interação entre os agregados, tal como referido por Murana et al (2019) e Shuaibu et al (2020a). O resultado do ensaio para a estabilidade Marshall do asfalto de mistura a quente não modificado.

Figura 2: Relação entre a estabilidade e o teor de betume

Fluxo Marshall

A relação entre o fluxo e o teor de betume é apresentada na Figura 3 Jendia. (2000), conforme citado em Murana et al. (2019), "descreveu o fluxo como a quantidade total de deformação que ocorre na carga máxima". A variação do caudal com o teor de betume é apresentada na Figura 4. De um modo geral, observou-se que o aumento do teor de betume conduziu a um aumento do caudal da mistura. O valor máximo de fluxo de 4,9 mm foi observado com um teor de betume de 7%. O fluxo é definido como a deformação total que ocorre no provete quando é aplicada a carga máxima, segundo Jendia (2000). Este aumento constante do fluxo indica um aumento da trabalhabilidade à medida que se adiciona mais betume. Um valor mais elevado de fluxo significa menor rigidez. Umar (1991), citado em Saltan (2015). Resultados semelhantes foram registados por Ogundipe (2016) e Olutaiwo e Owolabi, (2015). Os valores de fluxo apresentaram uma tendência ascendente com o aumento do betume. Observou-se que apenas os teores de betume de 5, 5,5, 6, 6,5 e 7% satisfazem os critérios de FMWH. (2016) de 2mm-4mm.

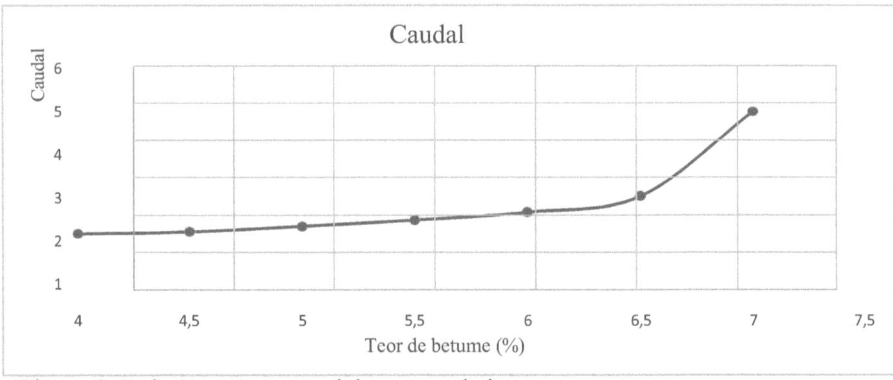

Figura 3: Relação entre o caudal e o teor de betume

Peso unitário

A relação entre o peso unitário e o teor de betume é apresentada na Figura 4. O peso unitário aumentou com o aumento do teor de betume até um determinado ponto e depois diminuiu com a adição de betume. O valor máximo de 2,33 foi observado com um teor de betume de 5,75% (o teor de betume utilizado para calcular o OBC). A adição adicional de betume mostrou uma diminuição nos valores do peso unitário. O peso unitário é influenciado pelas diferentes gravidades específicas dos constituintes do asfalto misturado a quente. Uma tendência de resultado semelhante foi observada por Shuaibu *et al* (2019) e Shuaibu *et al* (2020a, b).

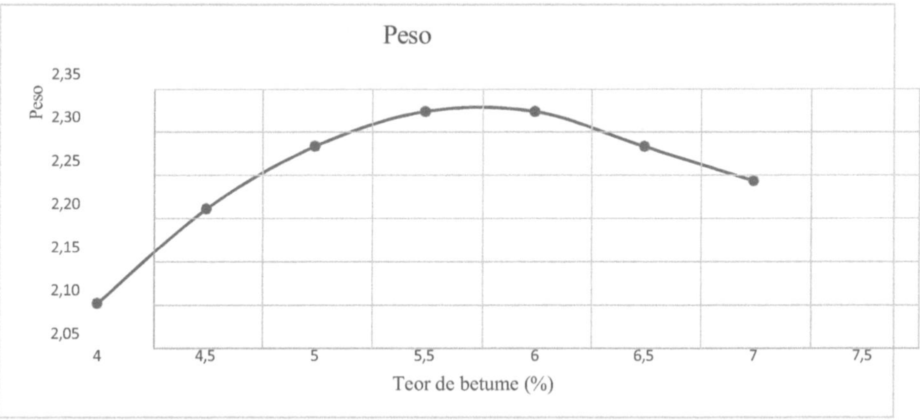

Figura 4: Relação entre o peso unitário e o teor de betume

Vazios nos Agregados Minerais

A relação entre os vazios nos agregados minerais e o teor de betume é apresentada na Figura 5. Os vazios nos agregados minerais são considerados como o volume dos espaços porosos intergranulares existentes entre as partículas dos agregados. A variação do peso unitário com o teor de betume é mostrada na Figura 4. À medida que o teor de betume aumenta, o peso unitário também aumenta. Foi observado um valor máximo de 2,32 a 5,5% de betume, após o que o teor de betume diminuiu. Uma tendência de resultado semelhante foi observada por Shuaibu *et al* (2019) e Shuaibu *et al* (2020a, b). O Apêndice D apresenta o resultado do ensaio para o peso unitário asfalto de mistura a quente não modificado. É

ter espaços porosos no betume para manter uma interação adesiva adequada, mesmo a temperaturas elevadas. Uma tendência de resultado semelhante foi registada por Murana *et al* (2019).

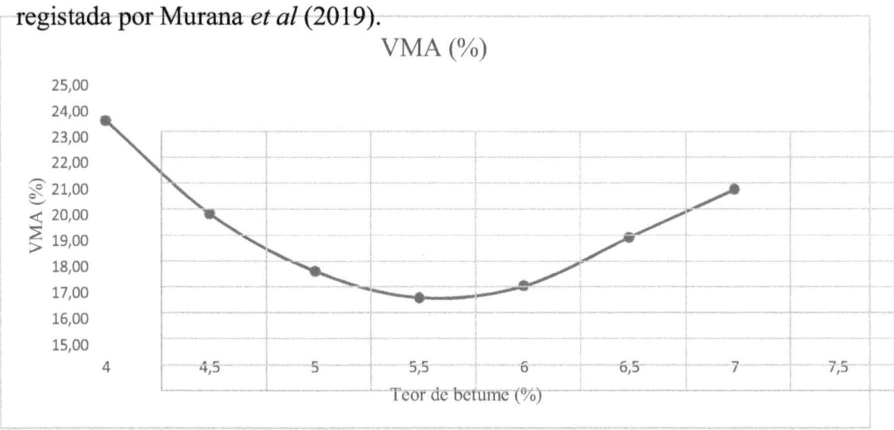

Figura 5: Relação entre o VMA e o teor de betume

Percentagem de vazios de ar na mistura

A relação entre o fluxo e o teor de betume é apresentada na Figura 6. A percentagem de vazios de ar na mistura total pode ser referida como a totalidade dos espaços porosos efectivos presentes numa mistura após a compactação. A partir da Figura 4.3, observou-se que, à medida que o teor de betume aumenta, a percentagem de vazios de ar na mistura diminui. Esta diminuição é desejável, uma vez que reduz as hipóteses de entrada de humidade ou água no betume, o que provoca falhas na mistura asfáltica. Conforme especificado pelo FMWH. (2016), a percentagem de vazios de ar utilizada no cálculo do teor ótimo de betume é escolhida entre 3% e 5%. Nesta experiência específica, a percentagem de vazios de ar escolhida corresponde a um teor de betume de 5%.

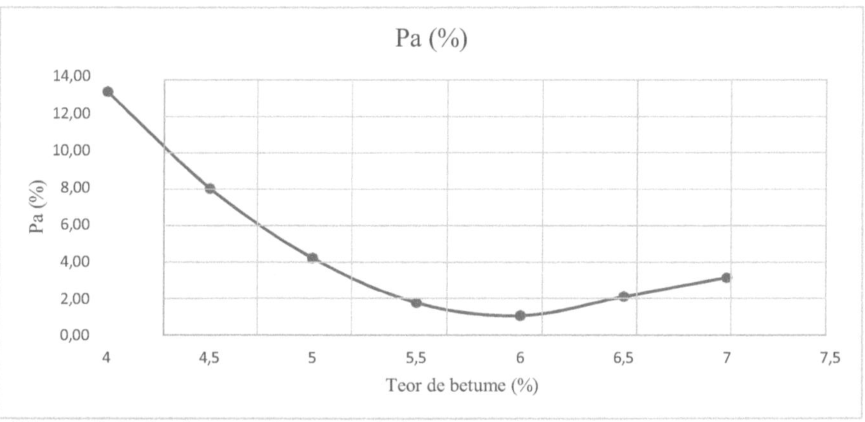

Figura 6: Relação entre Pa e teor de betume

Vazios preenchidos com betume

A relação entre os espaços vazios preenchidos com betume e o teor de betume é apresentada na Figura

7. Os vazios preenchidos com betume estão inversamente relacionados com a percentagem de vazios de ar, pois observou-se que à medida que a percentagem de vazios de ar no total diminui, há um aumento correspondente dos vazios com betume. Este comportamento dos vazios preenchidos com betume não é alheio ao volume de betume efetivo contido na mistura. Observou-se que apenas um teor de betume de 5% satisfaz o critério de 75% - 82% especificado pelo FMWH. (2016).

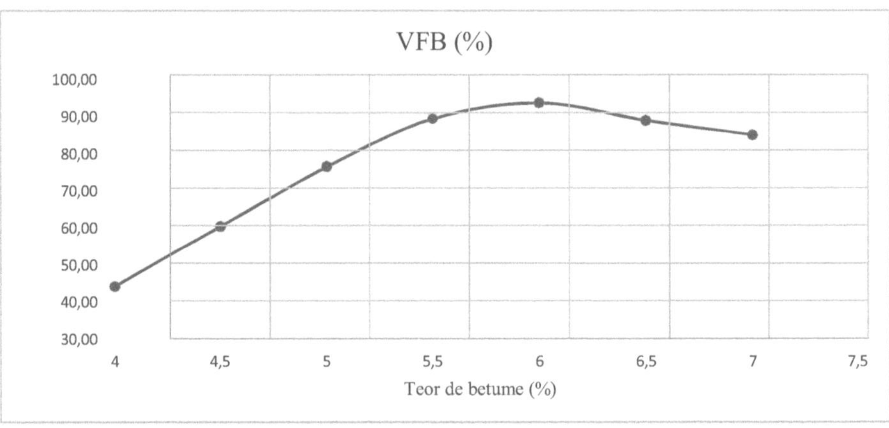

Figura 7: Relação entre o VFB e o teor de betume

O resumo das propriedades Marshall e do Quociente Marshall é apresentado no Quadro 4. As propriedades Marshall foram amplamente discutidas na secção, pelo que aqui será discutido o Quociente Marshall. O Quociente Marshall é referido como o rácio entre a estabilidade (kN) e o fluxo (mm). O Quociente Marshall é uma métrica para a capacidade do asfalto misturado a quente de suportar tensões de cisalhamento, deformação permanente e cio e índice de flexibilidade geral (Refiyanni 2021; Mistry e Roy 2020). O quociente Marshall para 4, 4,5, 5,

5,5, 6, 6,5 e 7% são 1, 0,9, 0,87, 0,80, 0,73, 0,62 e 0,55 kN/mm. Observou-se, de um modo geral, que o quociente Marshall diminuiu com o aumento do teor de betume , o que pode ser atribuído ao efeito do aumento do teor de betume, que reduziu a rigidez e a viscosidade globais da mistura betuminosa a quente. O quociente Marshall mostrou que o asfalto misturado a quente tem uma capacidade de carga reduzida.

Quadro 4: Resumo das propriedades Marshall e do Quociente Marshall

PVC(%) conteúdo	Estabilidade (KN)	Caudal (MM)	Unidades Peso	Pa (%)	VMA (%)	VFM (%)	Marshall Quociente (KN/mm)
2	5.63	4.97	2.21	6.70	19.99	66.46	1.13
4	7.03	5.27	2.20	6.96	20.20	65.57	1.33`
6	8.3	4.33	2.22	6.35	19.69	67.73	1.92
8	6.7	4.5	2.12	10.21	22.99	55.61	1.49
10	57	4.85	2.18	7.68	20.82	63.14	1.97

Determinação do teor ótimo de PVC no asfalto misturado a quente.

O teor ótimo de betume (OBC) das amostras não modificadas é obtido partir do teor de betume correspondente à estabilidade máxima, ao peso unitário máximo e à percentagem de vazios de ar a 10%, como se mostra na Figura 3

Por conseguinte, $OBC = \frac{8+10,75+10}{3} = 9,58\% \approx 10\%$

Uma vez que o teor ótimo de betume obtido a partir da experiência é de 8% e está dentro dos limites de 5,0% -8,0% especificados pelo FMWH (2016), por conseguinte, o teor de 8% de betume é aceite para utilização na modificação do betume.

Tabela 5: Resultado do ensaio FTIR para betume não modificado

Grupo funcional	Comprimento de onda	Tipo de vibração

CH_2 (metileno) CH_2 (metileno) C=O (carbonilo) C-H (alquilo) C-H (Alquilo) C-CI (halogeneto de alquilo) C-CI (halogeneto de alquilo) C-C (halogeneto de alquilo)	2920.05 2851.26 1601.71 1455.65 1375.54 865.75 811.30 744.30	Forte alongamento de Forte alongamento de C-H Forte alongamento de C=C Complexo de flexão de C-H Complexo de flexão de C-H Forte flexão de C-H Forte flexão de C-H Forte flexão C-H

Determinação da estrutura absorvente do PVC e do seu grupo funcional

O PVC é apresentado na Figura 8, mostrando as bandas caraterísticas. A Tabela 5 mostra o tipo de vibração, o grupo funcional e o comprimento de onda dos resíduos plásticos de PVC Foi detectada uma forte intensidade larga em dois comprimentos de onda de pico de 3652,8 cm^{-1} e 3570,8 cm^{-1}, indicando a presença de estiramento da ligação hidroxilo livre OH devido à presença de água. A presença de um grupo hidroxilo OH num composto influencia a atividade de floculação. Os dois estiramentos C-H de forte intensidade foram detectados nos comprimentos de onda de 2922,2 cm^{-1} e 2851,4 cm^{-1}, indicando a presença de CH_2 metileno. Um estiramento C-H de fraca intensidade que ocorre em ambos os comprimentos de onda de 2518,0 cm^{-1} e 2109,7 cm^{-1} também indica o grupo funcional CH_2 metileno. Outros grupos funcionais observados dentro do grupo CH_2 metileno são estiramentos fracos de C-H detectados a 2518,0 cm^{-1} e 2109,7 cm^{-1}. O alongamento forte de C-H pertencente ao grupo funcional C-O (carbonilo) foi detectado a 1982,9 cm^{-1}. Outro grupo funcional C-O (carbonilo) detectado foi a 1766,6 cm^{-1} e 1733,2 cm^{-1} com forte estiramento da ligação dupla C=C. Outro grupo funcional detectado dentro da banda é o complexo C-H (alquilo) com flexão C-H no comprimento de onda de 1416,4 cm^{-1} e 1244,9 cm^{-1}. O grupo funcional C-C (alcano) também estava presente com alongamento C-C fraco no comprimento de onda de 1095,8 cm^{-1} e 1036,2 cm^{-1}. Forte flexão C-H no comprimento de onda de 872,2 cm^{-1} e 711,9 cm^{-1} indicando a presença do grupo funcional C-CI (halogeneto de alquilo). Os resultados foram ainda comparados com o FTIR de outros policloretos de vinilo (PVC) da literatura existente (Dan-asabe et al., 2016; Rajendran & Uma 2000; Pandey et al., 2016: Consumi et al., 2020; Gyang et al., 2019) para verificar os grupos funcionais básicos. Os resultados da caraterização do policloreto de vinila (PVC) verificaram o PVC como um material polimérico pela identificação dos grupos funcionais básicos através do FTIR.

Figura 8: Espectro FTIR de resíduos de plástico PVC

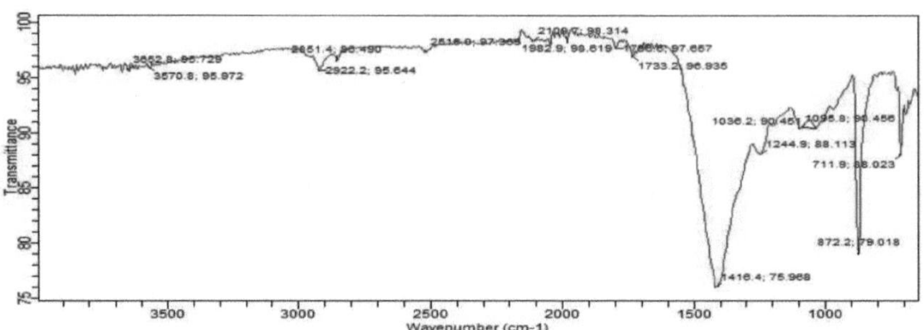

Tabela 6: Ligação de vibração, grupo funcional e comprimento de onda do plástico PVC

Grupo funcional	Comprimento de onda	Tipo de vibração
OH (Álcoois, água)	3652.8	Forte alongamento O-H amplo
OH (Álcoois, água)	3570.8	Alongamentos largos e fortes
CH_2 (metileno)	2922.2	Alongamento forte
CH_2 (metileno)	2851.4	Alongamento forte
CH_2 (metileno)	2518.0	Alongamento fraco
CH_2 (metileno)	2109.7	Alongamento fraco
C-O (carbonilos)	1982.9	Alongamento forte
C=O (carbonilos)	1766.6	Forte alongamento C=C
C=O (carbonilos)	1733.2	Forte alongamento C=C
C-H (Alquilo)	1416.4	Flexão C-H complexa
C-H (Alquilo)	1244.9	Flexão C-H complexa
C-C (alcano)	1095.8	Estiramento C-C fraco
C-C (alcano)	1036.2	Estiramento C-C fraco
C-CI (halogeneto de alquilo)	872.2	Forte flexão C-H
C-CI (halogeneto de alquilo)	711.9	Forte flexão C-H

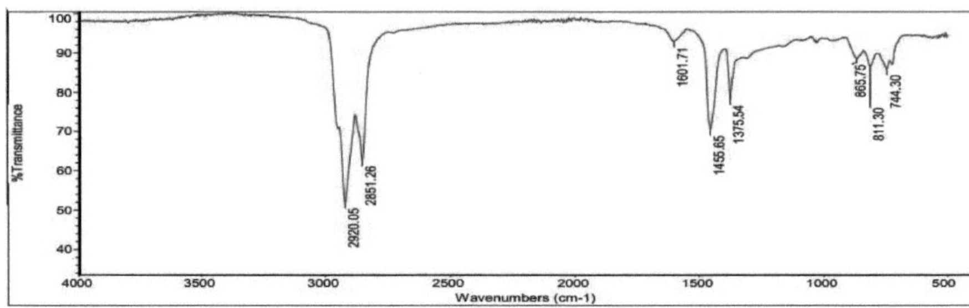

Figura 9: Espectro FTIR do betume não modificado

Quadro 7: Resultado do betume não modificado

Grupo funcional	Comprimento de onda	Tipo de vibração
CH_2 (metileno)	2920.05	Alongamento C-H forte
CH_2 (metileno)	2851.26	Alongamento C-H forte
C=O (carbonilos)	1601.71	Forte alongamento C=C
C-H (Alquilo)	1455.65	Flexão C-H complexa
C-H (Alquilo)	1375.54	Flexão C-H complexa
C-CI (halogeneto de alquilo)	865.75	Forte flexão C-H
C-CI (halogeneto de alquilo)	811.30	Forte flexão C-H
C-C (halogeneto de alquilo)	744.30	Forte flexão C-H

Tabela 8: Propriedades físicas do betume modificado com PVC

S/NO	PVC (%)	Penetração (mm)	Ductilidade (cm)	Amaciamento Ponto (°C)	Flash Ponto (°C)	Ponto de fogo (°C)	Gravidade específica
1	0	68	100	52	294	306	1.02
2	2	59	59	38	243	249	1.01
3	4	63	109	43	254	274	1.01
4	6	67	113	47	259	302	1.01
5	8	72	114	51	275	309	1.02
6	10	102	116	45	279	314	1.03

Efeitos dos resíduos de plástico PVC nas propriedades do betume

Os resultados da adição de cloreto de polivinilo (PVC) a partir de resíduos de plástico de 0 a 10% com um intervalo de 2% são apresentados no Quadro 4

Efeito do PVC como modificador do betume na penetração

O ensaio de penetração mede a rigidez do betume. A partir da Tabela 4, observou-se que o valor de penetração do betume modificado apresentou uma tendência inconsistente em todos os níveis de adição. A penetração para o betume não modificado é de 68 mm, tendo o valor diminuído para 59 mm com 2% de adição de PVC. No entanto, os valores de penetração aumentaram para 63 mm, 67 mm, 72 mm e 102 mm, com o aumento do teor de PVC a 4, 6, 8 e

10%, respetivamente. Abdullah et al., (2017) explicaram que, devido aos resultados inconsistentes obtidos com o betume modificado, a capacidade do PMB de resistir à fissuração a baixa temperatura e à deformação permanente é inconsistente. No entanto, o betume modificado com PVC com elevado grau de penetração pode ser utilizado em climas frios, enquanto o betume modificado com PVC com baixa temperatura pode ser utilizado em climas quentes/quentes.

Efeito do PVC como modificador de betume na ductilidade

A ductilidade mede a resistência à tração e a capacidade de coesão do betume. A partir da Tabela 4, observou-se que a ductilidade geralmente aumentou com o aumento dos níveis de adição de PVC. A ductilidade para o betume não modificado é de 100 cm. Para o betume modificado, a ductilidade foi registada a 59, 109, 113, 114 e 116 cm para 2, 4, 6, 8 e 10% de adição de PVC, respetivamente. Estes resultados estão de acordo com o trabalho de Murana et al., (2020)

Efeito do PVC como modificador de betume no ponto de amolecimento

O ponto de amolecimento mostra a resistência do betume ao efeito do calor. A partir da Tabela 4, observou-se que o ponto de amolecimento diminuiu com o aumento dos níveis de adição de PVC. O ponto de amolecimento para betume não modificado foi de 52 °C, a adição de PVC a 2, 4, 6, 8 e 10% fez com que o ponto de amolecimento diminuísse para 38, 43, 47, 51 e 45 °C, respetivamente. A partir resultados, pode deduzir-se que, com redução do ponto de amolecimento, haverá um aumento correspondente da suscetibilidade a altas temperaturas. Murana et al., (2020) e Tunde et al., (2020) fizeram observações semelhantes nos seus respectivos estudos quando foram utilizados materiais poliméricos residuais para modificar o betume.

Efeito do PVC como modificador de betume no ponto de inflamação e de fogo

O ponto de inflamação e o ponto de fogo medem a temperatura volátil do betume devido à sua natureza volátil/combustível. Na Tabela 4, observou-se que o ponto de inflamação e o ponto de fogo do betume modificado aumentaram com o aumento dos níveis de adição de PVC. O **efeito do PVC como modificador de betume na gravidade específica**

A partir da Tabela 4, observou-se que a gravidade específica do betume modificado aumentou com o aumento dos níveis de adição de PVC. A gravidade específica para o betume não modificado foi de 1,02. A gravidade específica do betume modificado aumentou de 1,01, 1,01, 1,01, 1,02 e 1,03 para vários níveis de adição de PVC a 2, 4, 6, 8 e 10%, respetivamente. Estes resultados estão de acordo com o trabalho de Tunde et al., (2020)

Estrutura Morfológica do Policloreto de Vinilo e dos seus Elementos Químicos

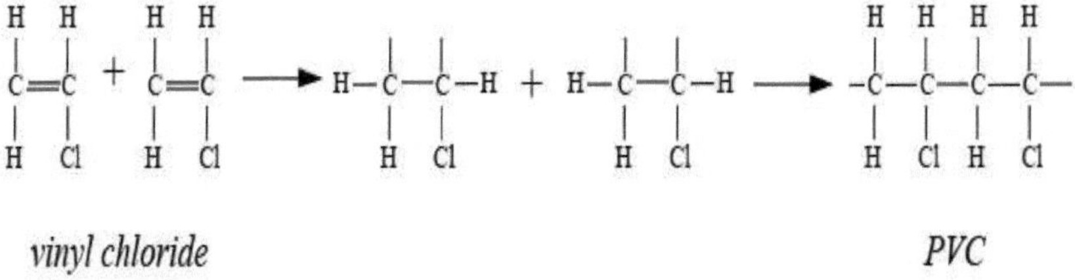

vinyl chloride

PVC

Cloreto de polivinilo (PVC)

O cloreto de polivinilo é uma classe de unidades de polímeros denominados monómeros e a forma de hidrocarbonetos como plásticos. O material é utilizado várias obras de construção e, devido à sua natureza frágil, tem uma cor branca pura e sólida, como se pode ver pelo sopro. Depois do polietileno e do polipropileno, apresenta-se sob a forma de pó branco e é sobretudo utilizado como material plástico para tectos, denominado cloreto de polivinilo PVC. O cloreto de polivinilo possui propriedades elevadas, tais como propriedades de tração, resistência ao impacto, aumenta a dureza, a rigidez e o peso leve. Além disso, o material é durável, tem uma vida útil longa e um rácio de custos de manutenção inferior quando é utilizado devido às suas propriedades físicas como material para misturas, Boustead, (2005). As formas básicas do policloreto de vinilo têm vários tipos e são categorizadas de acordo com a sua ampla utilização. São elas: plastificado ou flexível, não plastificado ou rígido, policloreto de vinila clorado ou perclorovinílico, orientado molecularmente ou PVC-O e modificado ou PVC-M. Os modificados ou PVC-M, são categorias de ligas termoplásticas que se formam normalmente com a adição de outros agentes modificadores bem adaptados ao vinil. Os agentes modificados melhoram a tenacidade, as propriedades de impacto e a resistência à fissuração do tumor, o que melhora a tenacidade à fratura e a ductilidade do material.

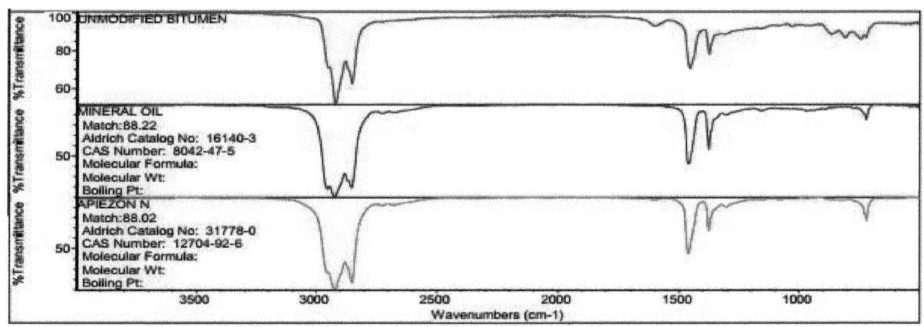

Figura 10: Espectro FTIR do betume modificado e do PVC

Efeitos dos resíduos de plástico PVC nas propriedades do betume

Os resultados da adição de resíduos plásticos de cloreto de polivinilo (PVC) de 0 a 10% com um intervalo de 2% são apresentados na Tabela

Penetração	O ensaio de penetração mede a rigidez do betume. Observou-se que o valor da penetração do betume modificado apresentou uma tendência inconsistente em todos os níveis de adição. A penetração para o betume não modificado é de 68 mm, o valor diminuiu para 59 mm com 2% de adição de PVC. No entanto, os valores de penetração aumentaram para 63 mm, 67 mm, 72 mm, 102 mm, com o aumento do teor de PVC a 4, 6, 8 e 10%, respetivamente, a capacidade do PMB para resistir à fissuração a baixa temperatura e à deformação permanente é inconsistente. No entanto, o betume modificado com PVC com elevado grau de penetração pode ser utilizado em climas frios, enquanto o betume modificado com PVC com baixa temperatura pode ser utilizado em climas quentes/quentes.
Ductilidade	A ductilidade mede a resistência à tração e a capacidade de coesão do betume. A partir da Tabela 9, observou-se que a ductilidade geralmente aumentou com o aumento dos níveis de adição de PVC. A ductilidade no betume não modificado é de 100 cm. Para o betume modificado, a ductilidade foi registada a 59, 109, 113, 114 e 116cm para os níveis de 2, 4, 6, 8 e 10% de adição de PVC, respetivamente. Estes resultados estão de acordo com o trabalho de Murana et al., (2020)
Ponto de amolecimento	O ponto de amolecimento mostra a resistência do betume ao efeito do calor. A partir da Tabela 9, observou-se que o ponto de amolecimento diminuiu com o aumento dos níveis de adição de PVC. O ponto de amolecimento para o betume não modificado foi de 52 oC, a adição de PVC a 2, 4, 6, 8 e 10% fez com que o ponto de amolecimento diminuísse para 38, 43, 47, 51 e 45 oC, respetivamente. A partir dos resultados, pode deduzir-se que, com a redução do ponto de amolecimento, haverá um aumento correspondente da suscetibilidade a altas temperaturas. Murana et al., (2020) e Tunde et al., (2020) fizeram observações semelhantes nos respectivos estudos, quando foram utilizados resíduos de materiais poliméricos para modificar o betume
Ponto de inflamação e de fogo	O ponto de inflamação e o ponto de fogo medem a temperatura volátil do betume devido à sua natureza volátil/combustível. Na Tabela 9, observou-se que o ponto de inflamação e o ponto de fogo do betume modificado aumentaram com o aumento dos níveis de adição de PVC.
Gravidade específica	A partir da Tabela 9, observou-se que a gravidade específica do betume modificado aumentou com o aumento dos níveis de adição de PVC. A gravidade específica para o betume não modificado foi de 1,02. A gravidade específica do betume modificado aumentou de

	1,01, 1,01, 1,01, 1,02 e 1,03 para vários níveis de PVC. nível de adição de PVC a 2, 4, 6, 8 e 10%, respetivamente

Tabela 10: Amostra de betume modificado e PVC

Grupo funcional	Comprimento de onda	Tipo de vibração
CH_2 (Metileno) C=O (Carbonilo) C=C (Halogeneto de alquilo)	3000-2500 1500 -1000 1000 -100	Forte C- H Forte C- C Alongamento Forte C- H Flexão

Resultados da Microscopia Eletrónica de Varrimento (SEM)

A micro-imagem na peça de controlo, Placa (III) e (IV), indica uma superfície de grão irregular necessária para a construção de um pavimento de estrada de asfalto. A micrografia também mostra partículas de agregado largamente dispersas, o que significa que o betume e o material agregado não formaram corretamente uma mistura compactável. O desenvolvimento desta mesma matriz de mistura forma um espaço vazio desordenado nas partes interiores da mistura, como se pode ver claramente na placa abaixo. Apesar de o enchimento de grumos ter verificado uma estabilidade Marshall de elevada resistência, os grandes espaços vazios, como se pode ver micro-imagem, podem levar à deformação imediata do revestimento do pavimento da autoestrada. Este facto corrobora o relatório elaborado por Ogundipe (2016). Os materiais de enchimento semelhantes ao pó de granito revelaram a deficiência de resistividade à deformação, bem como às acções de fadiga. Com a micro-imagem da placa V & VI, a textura de asfalto irregular a 10%, betume ideal e teor de PVC de ampliação de 30µm e escala de ampliação de 100µm, (OBC modificado). A estrutura realmente adequada para obras de construção de pavimentos rodoviários de engenharia foi indicada como micro-imagem no controlo e no modificado. A textura e a micro-imagem também ilustram como uma mistura brilhante estacionada ou mais pesada por pequenos vazios na mistura. Portanto, um arranjo superior das partículas constituintes e outros agregados com densificação subsequente poderia ser a causa do aumento de 9,75% na resistência observada na Estabilidade Marshall. Uma melhoria indicada na micro-imagem prova a existência de agregados interligados que talvez possa ser atribuída à influência do cloreto de polivinilo na viscosidade do betume, permitindo-lhe revestir adequadamente os agregados, formando assim uma forte matriz emoliente na mistura.

Placa: III **Placa: IV**

Placas III e IV: Textura asfáltica irregular a 10%, teor ótimo de betume e PVC de 30 µm de ampliação **HMA e escala de ampliação de 100µm,** (**OBC Modificado)**

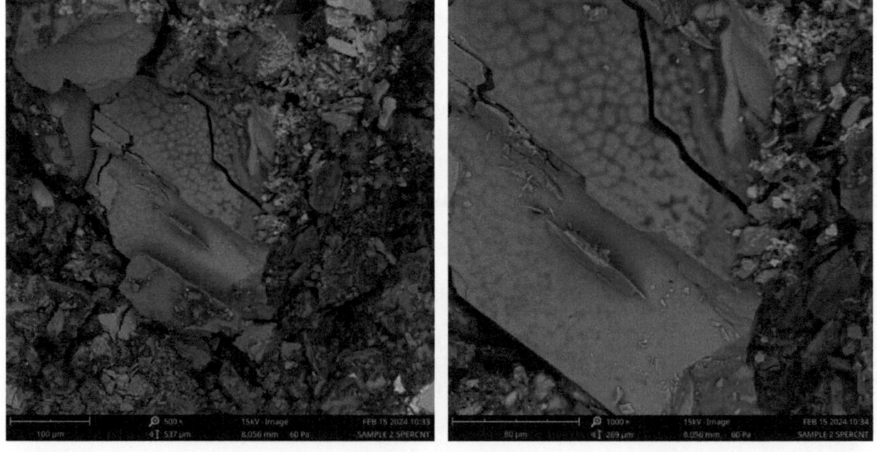

Prato: V **Placa: VI**

Placa V e VI: Textura de asfalto irregular a 5% de teor ótimo de betume de 80µm de ampliação HMA e 100µm de escala de ampliação, (controlo OBC)

Microanálise e micrografia para a amostra de HMA de controlo e modificada A espetroscopia de dispersão de energia (EDS) revelou cinco elementos principais, nomeadamente: carbono, silício, azoto, alumínio e potássio. O peso atómico do carbono aumentou de 78,33% para 89,01% na amostra de HMA de controlo e modificada, este aumento indica que o plástico PVC aumentou o teor de carbono na mistura. Este facto é ainda corroborado pelos resultados FTIR do betume modificado com PVC. O peso atómico do silício diminuiu de 10,01% para 4,66%, o peso atómico do azoto diminuiu de 7,21% para 4,66%, o peso atómico do alumínio diminuiu de 3,54% para 1,85%, o peso atómico do potássio diminuiu de 2,42% para 0,52% amostra de HMA de controlo e modificada, respetivamente. Estes elementos contribuem significativamente para o endurecimento do asfalto misturado a quente.

V

Placa V: SEM/EDS do controlo

Elemento Número	Símbolo do elemento	Nome do elemento	Conc. atómica	Peso Conc.
6	C	Carbono	78.33	66.04
14	Si	Silício	10.01	15.92
7	N	Nitrogénio	8.31	9.75
13	Al	Alumínio	3.54	4.94
19	K	Potássio	2.42	3.47
26	Fe	Ferro	1.61	2.63
11	Na	Sódio	0.83	0.97
20	Ca	Cálcio	0.57	0.62
16	S	Enxofre	0.42	0.59
12	Mg	Magnésio	0.35	0.48
17	Cl	Cloro	0.24	0.32
15	P	Fósforo	0.11	0.24
22	Ti	Titânio	0.08	0.16

Elemento Número	Símbolo do elemento	Nome do elemento	Conc. atómica	Peso Conc.
6	C	Carbono	89.01	75.33
14	Si	Silício	4.96	8.04
7	N	Nitrogénio	4.66	6.11
13	Al	Alumínio	1.35	2.22
26	Fe	Ferro	0.57	1.71
19	K	Potássio	0.52	1.56
20	Ca	Cálcio	0.43	1.46
11	Na	Sódio	0.53	0.97
16	S	Enxofre	0.33	0.76
17	Cl	Cloro	0.24	0.50
12	Mg	Magnésio	0.19	0.32
15	P	Fósforo	0.12	0.22
22	Ti	Titânio	0.06	0.11

Placa VI: SEM/EDS do HMA modificado

4. CONCLUSÕES E RECOMENDAÇÕES CONCLUSÕES

(i) O PVC modificado e o betume com o seu teste de propriedades físicas mostraram um desempenho aceitável, tanto o aumento do teor de PVC, o resultado do teste de agregado e betume usado nesta pesquisa foi adequado dentro dos limites especificados pelo FMWH (2016) e ser usado na produção de asfalto de mistura quente.

(ii) A caraterização do plástico de resíduos de policloreto de vinilo através da análise FTIR verificou a sua proficiência como material polimérico capaz de se misturar com o betume, revelando grupos funcionais básicos OH, CH_2, C=C, C-CI, C-O C-H que podem ajudar a melhorar as propriedades do betume.

(iii) O teor ótimo de betume foi obtido a 10%, o que corresponde a um valor máximo de estabilidade de 10,75 kN com peso unitário e percentagem de vazios de ar a um teor de betume de 8 e 10%, respetivamente.

RECOMENDAÇÕES

(i) Para um melhor desempenho da consistência do betume, devem ser utilizados 4% de PVC em peso de betume como modificador de betume para condições de tráfego intenso.

(ii) O betume modificado com cloreto de polivinilo (PVC) a 8, 10% deve ser mais utilizado em regiões com climas frios, enquanto que o betume modificado com PVC a 2, 4, 6% deve ser utilizado em regiões quentes/quentes.

(iii) Para um melhor desempenho do pavimento asfáltico, o asfalto misturado a quente deve ser produzido com 10% de betume modificado com PVC.

REFERÊNCIAS

Abdullah, M. E., Ahmad, N. A., Jaya, R. P., Hassan, N. A., Yaacob, H., & Hainin,

M. R. (2017). Efeitos dos resíduos de plástico nas propriedades físicas e reológicas do betume. Em IOP Conference Series: Ciência e Engenharia de Materiais (Vol. 204, No. 1, p. 012016). IOP Publishing.

ASTM C127-15. (2015) Standard Test Method for Relative Density (Specific Gravity) and Absorption of Coarse Aggregate (Método de ensaio padrão para densidade relativa (gravidade específica) e absorção de agregado grosso). West Conshohocken, Philadelphia.PA: Sociedade Americana de Ensaios e Materiais (ASTM) Internacional. Recuperado de www.astm.org

ASTM C131 / C131M-20. (2020) Standard Test Method for Resistance to Degradation of Small-Size Coarse Aggregate by Abrasion and Impact in the Los Angeles Machine (Método de ensaio padrão para resistência à degradação de agregados grossos de tamanho pequeno por abrasão e impacto na máquina de Los Angeles). West Conshohocken, PA: Sociedade Americana de Ensaios e Materiais (ASTM) Internacional. Obtido em www.astm.org

ASTM C136/C136M-19. (2019). Standard Test Method for Sieve Analysis of Fine and Coarse Aggregates (Método de ensaio padrão para análise granulométrica de agregados finos e grossos). West Conshohocken, PA: Sociedade Americana de Ensaios e Materiais (ASTM) Internacional. Obtido em www.astm.org

ASTM C136/C136M-19. (2019). Standard Test Method for Sieve Analysis of Fine and Coarse Aggregates (Método de ensaio padrão para análise granulométrica de agregados finos e grossos). West Conshohocken, PA: Sociedade Americana de Ensaios e Materiais (ASTM) Internacional. Obtido em www.astm.org

ASTM D113-17. (2017). Método de ensaio padrão para a ductilidade de materiais asfálticos (Vol. 04.03). West Conshohocken, Filadélfia.PA: Sociedade Americana de Ensaios e Materiais (ASTM) Internacional. Obtido em www.astm.org

ASTM D2042-15. (2015). Método de ensaio normalizado para a solubilidade de materiais asfálticos em tricloroetileno. West Conshohocken, PA: Sociedade Americana de Ensaios e Materiais (ASTM) Internacional. Obtido em www.astm.org

ASTM D36/D36M-14. (2014). Método de ensaio padrão para o ponto de amolecimento de betume (aparelho de anel e bola) (Vol. 04.04). West Conshohocken, PA: Sociedade Americana de Ensaios e Materiais (ASTM) Internacional. Obtido em www.astm.org

ASTM D4791-19. (2019). Método de Teste Padrão para Partículas Planas, Partículas Alongadas, ou Partículas Planas e Alongadas em Agregado Grosso. West Conshohocken, PA: Sociedade Americana de Ensaios e Materiais (ASTM) Internacional. Obtido em www.astm.org

ASTM D5/D5M-20. (2020). Método de teste padrão para penetração de materiais betuminosos. West Conshohocken, PA: Sociedade Americana de Ensaios e Materiais (ASTM) Internacional. Obtido em www.astm.org

ASTM D6348-12. (2020), Standard Test Method for Determination of Gaseous Compounds by Extractive Diret Interface Fourier Transform Infrared (FTIR) Spectroscopy, West Conshohocken, PA: Sociedade Americana de Ensaios e Materiais (ASTM) Internacional. Obtido em www.astm.org

ASTM D70 / D70M-21. (2021) Standard Test Method for Specific Gravity and Density of Semi-Solid Asphalt Binder (Pycnometer Method). West Conshohocken, PA: Sociedade Americana de Ensaios e Materiais (ASTM) Internacional. Obtido em www.astm.org

ASTM D92-18. (201), Standard Test Method for Flash and Fire points by Cleveland Open Cup Tester West Conshohocken, PA, American Society for

Testing Materials (ASTM) International.

ASTM D92-18. (2018). Método de teste padrão para pontos de inflamação e fogo pelo Cleveland Open Cup Tester (Vol. 05.01). West Conshohocken, PA: Sociedade Americana de Ensaios e Materiais (ASTM) Internacional. Obtido em www.astm.org

ASTM E986-04. (2017), Standard Practice for Scanning Electron Microscope Beam Size Characterization, West Conshohocken, PA: Sociedade Americana de Ensaios e Materiais (ASTM) Internacional. Obtido em www.astm.org

ASTM D6927-05. (2005) Standard Test Method for Marshall Stability and Flow of Bituminous Mixtures (Método de Teste Padrão para Estabilidade e Fluxo Marshall de Misturas Betuminosas). West Conshohocken, PA: American Society for Testing and Materials (ASTM) International. Obtido em www.astm.org

Dan-asabe, A.S. Yaro, D.S. Yawas, S.Y. Aku, I.A. Samotu, U. Abubakar, e D.O. Obada (2016). Caracterização Mecânica, Espectroscópica e Microestrutural do Compósito de PVC Reforçado com Partículas de Banana como Material de Tubulação. Tribologia na Indústria. 38(2). 255-267

Badry, M. M., Dulami, A., Shanbara K. H., Al-Busaltan, S. e Abdel-Wahed, T. (2020). Efeito do polímero nas propriedades do betume e das camadas de pavimento, estudo de caso: Expressway No.1, República do Iraque.IOP Conference Series: Ciência e Engenharia de Materiais. 1-16. doi:10.1088/1757- 899X/1090/1/012032

BS 812-110. (1990). Ensaio de Agregados. Métodos para a determinação do valor de esmagamento do agregado (ACV). Londres, Reino Unido: British Standard Institution.

BS 812-112. (1990). Ensaio de Agregados. Métodos para a Determinação do Valor de Impacto do Agregado (AIV). Londres, Reino Unido: British Standard Institution

BS EN 12597. (2014). Betume e ligantes betuminosos - Terminologia. Londres, Reino Unido: British Standards Institution (BSI)

BS EN 933-3. (2017). Ensaios das propriedades geométricas dos agregados - Parte 3: Determinação da forma das partículas - Índice de escamação (12.ª ed.). Londres, Reino Unido: British Standards Institution (BSI)

Bulatović, V. O., Rek, V., & Marković, K. J. (2014). Efeito dos modificadores de polímero nas propriedades do betume. Jornal de Elastómeros e Plásticos, 46(5), 448- 469.

Boustead I. (2005). O Conselho Europeu de Fabricantes de Vinil de plásticos da Europa, Polyvinyl Chloride (PVC) Suspension Polymerizaion. (pp 4-6). Obtido em: www.plasticseurope.org

Consumi, M., Leone, G., Bonechi, C., Tamasi, G., Lamponi, S., Donati, A & Magnani, A. (2020). Membrana de cloreto de polivinila sem plastificantes para sequestro de íons metálicos. Comunicações de Química Inorgânica, 119, 108100.

Ministério Federal da Energia, Obras e Habitação (FMPW&H), Governo da República Federal da Nigéria.

FMWH. (2016). Especificações gerais nigerianas para estradas e pontes. Ministério Federal das Obras Públicas e da Habitação. República Federal da Nigéria, Ministério Federal das Obras Públicas e da Habitação, Abuja.

Fwa, T. F. (Ed.). (2005). The Handbook of Highway Engineering (Manual de Engenharia Rodoviária). CRC Press. Garber, N. J., e Hoel, L. A. (2009). Traffic and Highway Engineering: Cengage

Aprender.

Gyang, J. Y., Mamza, P. A. P., & Isa, M. T. (2019). Estudos de compatibilidade em misturas de poliestireno / poli (cloreto de vinil) por análise mecânica dinâmica e espetroscopia de infravermelho transformada em Fourier. Jornal Internacional de Pesquisa em Tecnologias Científicas e de Engenharia

Inovadoras, 7 (2), 1-12.

Imanbayev, Y., Akkenzheyeva, A., Bussurmanova, A., Serikbayeva, A., & Boranbayeva, A. (2021). Preparação de aglutinante de betume de polímero na presença de um estabilizador. Processes, 9(1), 182.

Kumar, P. Khan, M. T. e Singh, M. (2012). Avaliação das Propriedades Físicas do Betume Modificado com SBS e Efeito do Envelhecimento. Jornal de Engenharia Química. 46(1) 8299-8303

Mamlouk A. R., & Zaniewski, J.P. (2011). Materials for Civil and Construction Engineers.California: Addison-Wesley.

McNally, T. (Ed.). (2011). Betume modificado com polímeros: Properties and Characterisation. Woodhead Publishing Limited,

Moghaddam, T.B., Soltani, M., e Karim, M.R., (2013), Avaliação das caraterísticas de deformação permanente de misturas asfálticas não modificadas e modificadas com politereftalato de etileno utilizando o ensaio de fluência dinâmica, Journal of Materials and Design doi: http://dx.doi.org/10.1016/j.matdes.2013.07.015. 1-35

Mohd-Asharuddin, S., Othman, N., Zin, N. S. M., & Tajarudin, H. A. (2017). Um estudo químico e morfológico da casca de mandioca: Um resíduo potencial como auxiliar de coagulante. Em MATEC Web of Conferences. 103, 06 012. EDP Ciências. 1-18.

Mistry, R., & Roy, T. K. (2020). Previsão da estabilidade Marshall e fluxo de mistura betuminosa contendo resíduos de enchimento pelo sistema de inferência neuro-fuzzy adaptativo. Revista de la construcción, 19(2), 209-219.

Munera, J.C., e Ossa, E.A., (2014), Polymer Modified Bitumen: Otimização e Seleção, Journal of Materials and Design doi: http://dx.doi.org/10.1016/j.matdes.2014.05.009. 62, 91-97

Murana, A. A., Abdulkarim, A. A. e Olowusulu, A.T. (2020b). Influência do polietileno da saqueta de água pura residual nas propriedades do asfalto de mistura quente. Jornal Nigeriano de Tecnologia. 39(4). 1043-1049. http://dx.doi.org/10.4314/njt.v39i4.10

Murana, A. A., Akilu, K. e Olowusulu, A.T. (2020a). Utilização de poliestireno expandido de embalagens descartáveis de alimentos como modificador de betume em asfalto de mistura quente. Jornal Nigeriano de Tecnologia. 39(4). 1021-1028. http://dx.doi.org/10.4314/njt.v39i4.7

Murana, A. A., Emekaobi, W. U., & Laraiyetan, E. T. (2019). Enchimento ideal de cinzas ósseas em asfalto de mistura quente. Jornal Nigeriano de Engenharia, 26(2), 35-44. Recuperado de http//nje.abu.edu.ng

Murana, A. A., Olowosulu, AT. e Ahiwa, S. (2014). Desempenho de Metakaolin como substituição parcial de cimento em asfalto de mistura quente. Nigerian Journal of Technology, 33: 387-393.

Murana, A. A., Ude, V., & Suleiman, A. (2023). Avaliação do desempenho do asfalto de mistura quente usando cinza de esterco de vaca como enchimento. Jornal da Zona Árida de Engenharia, Tecnologia e Meio Ambiente, 19(2), 367-380.

Nikolaides, A. (2014). Engenharia Rodoviária: Pavimentos, Materiais e Controlo de Qualidade. CRC Press

O'Flaherty, C.A., (2007). Highways, The Location, Design, Construction and Maintenance of Road Pavements. Butterworth-Heinemann.

Pandey, M., Joshi, G. M., Mukherjee, A., & Thomas, P. (2016). Propriedades elétricas e degradação térmica de nanocompósitos de polímero de poli (cloreto de vinila) / fluoreto de polivinilideno / ZnO. Polymer International, 65(9), 1098- 1106.

Pareek, A., Gupta, T., e Sharma, R. (2012). Desempenho do betume modificado com polímero para pavimentos flexíveis. Revista Internacional de Investigação em Engenharia Civil e Estrutural. 1(1). 77-86

Peurifoy, R. L, Shexnayder, C. L.e Shapira, A. (2006). Planeamento, equipamento e métodos de construção. McGraw Hill.

Pourtahmasb, M.S. (2016). Feasibility of Using Recycled Concrete Aggregates in Dense-graded and Gap-graded Hot Mix Asphalt (Tese de doutoramento, Jabatan Kejurutean Awam, Fakulti Kejurutean Universtiti Malaysia).

Pysh'yev S., Gunka V., Grytsenko Yu., Bratychak M., (2016). Betume modificado com polímero: Review. Jornal de Química e Tecnologia Química. 10(4). 631-636

Rajendran, S., & Uma, T. (2000). Estudos de condutividade em eletrólito de mistura de polímeros PVC/PMMA. Materials Letters, 44(3-4), 242-247.

Ramesh, S., & Yi, L. J. (2009). Espectros FTIR de electrólitos plastificados de PVC-LiCF$_3$SO$_3$ de elevado peso molecular. Ionics, 15, 413-420.

Refiyanni, M. (2021). Caraterística Marshall do curso de desgaste de concreto asfáltico usando óleo de palma bruto e Pen 60/70 como aglutinante. Na série de conferências IOP: Ciência da Terra e do Meio Ambiente (Vol. 832, No. 1, p. 012035). IOP Publishing.

Robert, N. H. (2000). Asphalts in Road Construction. Thomas Telford Publishing, Londres

Rogers, M., (2003). Highway Engineering. Blackwell Science

Rogers, M., e Enright, B. (2016). Highway Engineering. John Wiley & Sons.

Shuaibu A. A., Otuoze H. S., Mohammed A. e Lateef M. A. (2019). Propriedades de

Betão Asfáltico com Areia de Fundição Residual (WFS) como Material de Enchimento. Jornal de Engenharia, Tecnologia e Meio Ambiente da Zona Árida. 15(3), 662-677.

Shuaibu, A. A. Otuoze, H. S. Ahmed, H.A. e Musa, B. (2020b). Estudo experimental sobre o uso de cinzas de casca de amendoim como enchimento mineral em asfalto de mistura quente. Jornal Nigeriano de Engenharia, 27(3), 61-68

Shuaibu, A. A. Otuoze, H. S. Iliyasu, I., e Maska, U. S (2020a). Efeito da cinza de fibra de mesocarpo de óleo de palma (Opmfa) nas propriedades de resistência do asfalto de mistura quente. Jornal de Ciência, Tecnologia e Educação 8(2), 336-350

Speight, J. G. (2016). Ciência e tecnologia de materiais asfálticos. Butterworth- Heinemann 437-474).

Traxler, R. N. (1936). The Physical Chemistry of Asphaltic Bitumen. Chemical reviews, 19(2), 119-143.

Tunde, A. M., Alaro, J. Y., & Adewale, L. A. (2020). Um modelo caraterístico de desempenho das propriedades do betume modificado com garrafa de plástico dissolvido para a produção de asfalto de mistura quente. Revista global de avanços em engenharia e tecnologia, 3(2), 019-027.

ÍNDICE DE CONTEÚDOS

MIX
Papier aus verantwortungsvollen Quellen
Paper from responsible sources
FSC® C105338

Printed by Books on Demand GmbH, Norderstedt / Germany